1. Auflage 2021

Texte, Bilder, Umschlag- und Innengestaltung: Tanja Esch
Herstellung: Florian v. Wissel, hoop-de-la design, Köln
Druck und Bindung: Livonia Print, Riga
Printed in Latvia
ISBN 978-3-95470-245-9

www.klett-kinderbuch.de

FSC
www.fsc.org
MIX
Papier aus verantwortungsvollen Quellen
FSC® C002795

In diesem Buch werden jede Menge spannende Fragen gestellt und beantwortet. Bloß welche der beiden Antworten ist die richtige?

Weißt du es?

Woher kommt

Da wir vom Affen abstammen, kommen wir ursprünglich aus dem Urwald. Aus dieser Zeit haben wir ein kleines Überbleibsel behalten.

Eine Art winzige Urwaldkröte, etwa 1 bis 1,5 cm groß, sitzt knapp unterhalb unseres Magens und isst mit, was wir essen.

Sie beschwert sich lautstark, wenn sie Hunger hat. Das nehmen wir dann als Knurren wahr.

Besonders gern mag die Kröte Süßigkeiten (außer Lakritz) und Pizza.

Magenknurren?

Der Magen-Darm-Trakt ist rund um die Uhr in Bewegung, um Nahrung zu zersetzen und bis zum Ausgang zu transportieren.

Das ist auch bei vollem Bauch manchmal zu hören.

Wenn wir aber mehrere Stunden lang nichts gegessen haben, ist im Magen fast nur noch Luft. Dadurch wird er zu einem Klangkörper, der die Geräusche verstärkt, wie bei einem Musikinstrument!

Die Bewegungen des Magen-Darm-Trakts werden also erst durch den leeren Magen so richtig laut.

Was macht

Ein Podologe ist ein Experte für Füße. Eine andere Bezeichnung ist „medizinischer Fußpfleger“.

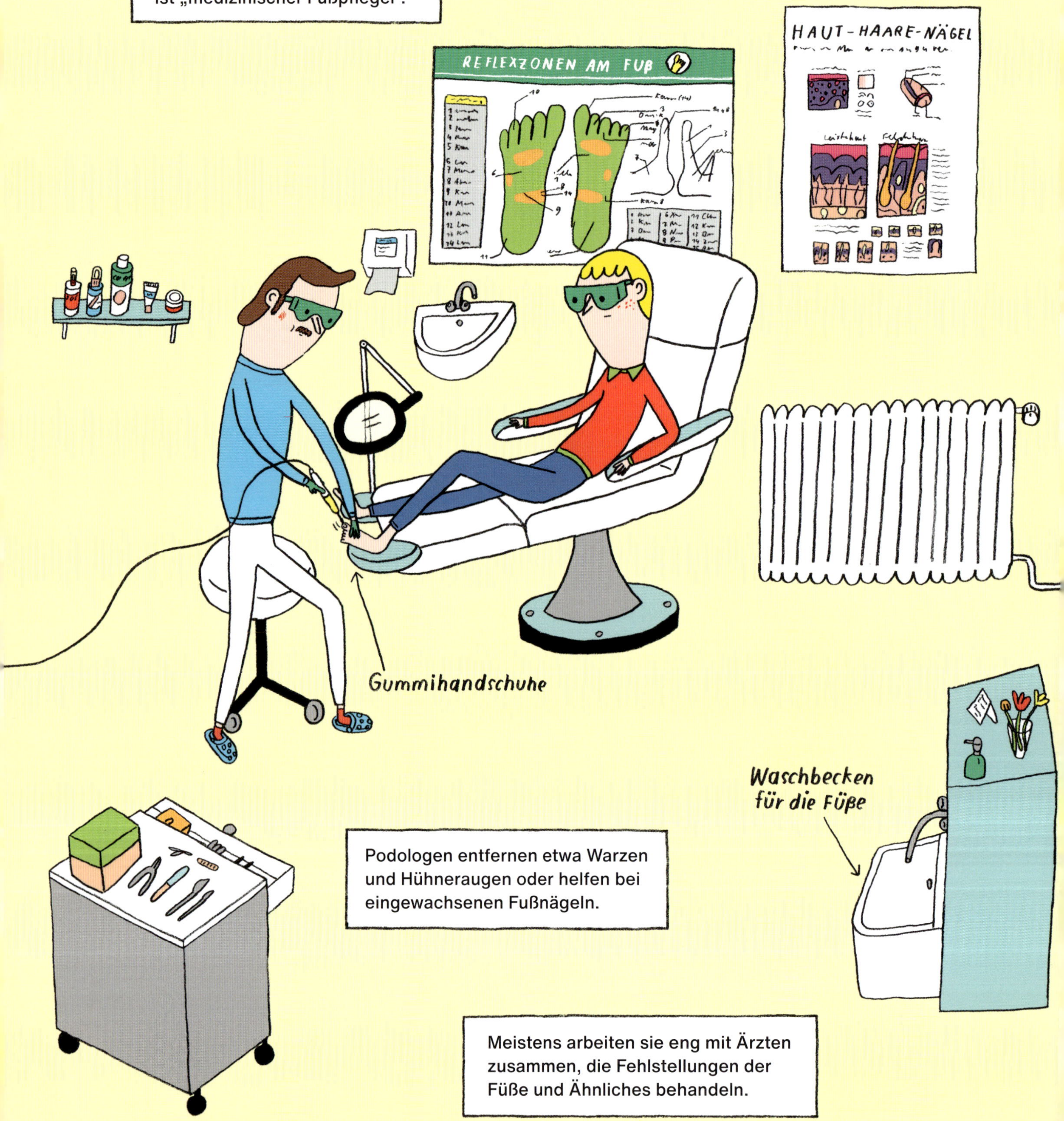

Podologen entfernen etwa Warzen und Hühneraugen oder helfen bei eingewachsenen Fußnägeln.

Meistens arbeiten sie eng mit Ärzten zusammen, die Fehlstellungen der Füße und Ähnliches behandeln.

ein Podologe?

Podologen beschäftigen sich mit allem, was mit dem Po zu tun hat.

Sie kennen sich zum Beispiel mit Sitzgelenheiten (Sofas, Stühlen, Sesseln und so weiter) gut aus.

Außerdem wissen sie, welches Training man machen muss, um einen besonders knackigen Po zu bekommen.

Warum

Lamas spucken, weil sie unseren Geruch als abstoßend empfinden. Sie versuchen so, uns eine kleine Dusche zu verpassen.

Wir empfinden ja auch den Geruch mancher Tiere als etwas miefig. So geht es Tieren andersherum eben auch.

Lamas haben einen besonders feinen Geruchssinn und reagieren daher schnell, wenn wir ihnen zu nahe kommen.

spucken Lamas?

Warum wird man

Das passiert, wenn man zu viele rote Sachen gegessen hat.

Vor allem bei Erdbeeren, aber auch bei roter Paprika, Tomaten, Marmelade ...

Wenn wir im Ausgleich dazu nicht genügend Grünes essen, passiert es ganz schnell, dass wir rot werden.

manchmal rot im Gesicht?

Wenn einem etwas peinlich ist, bekommt man schnell ein knallrotes Gesicht.

Das liegt daran, dass der Körper in solchen Situationen den Blutdruck ansteigen lässt und den Puls erhöht.

Dadurch wird das Gesicht stärker durchblutet und sieht rot aus.

Beim Sport oder wenn man wütend ist, kann das auch passieren.

Woher kommt

Es gibt verschiedene Arten, Strom zu erzeugen. Manche sind sehr schlecht für die Umwelt, andere sind umweltfreundlich.

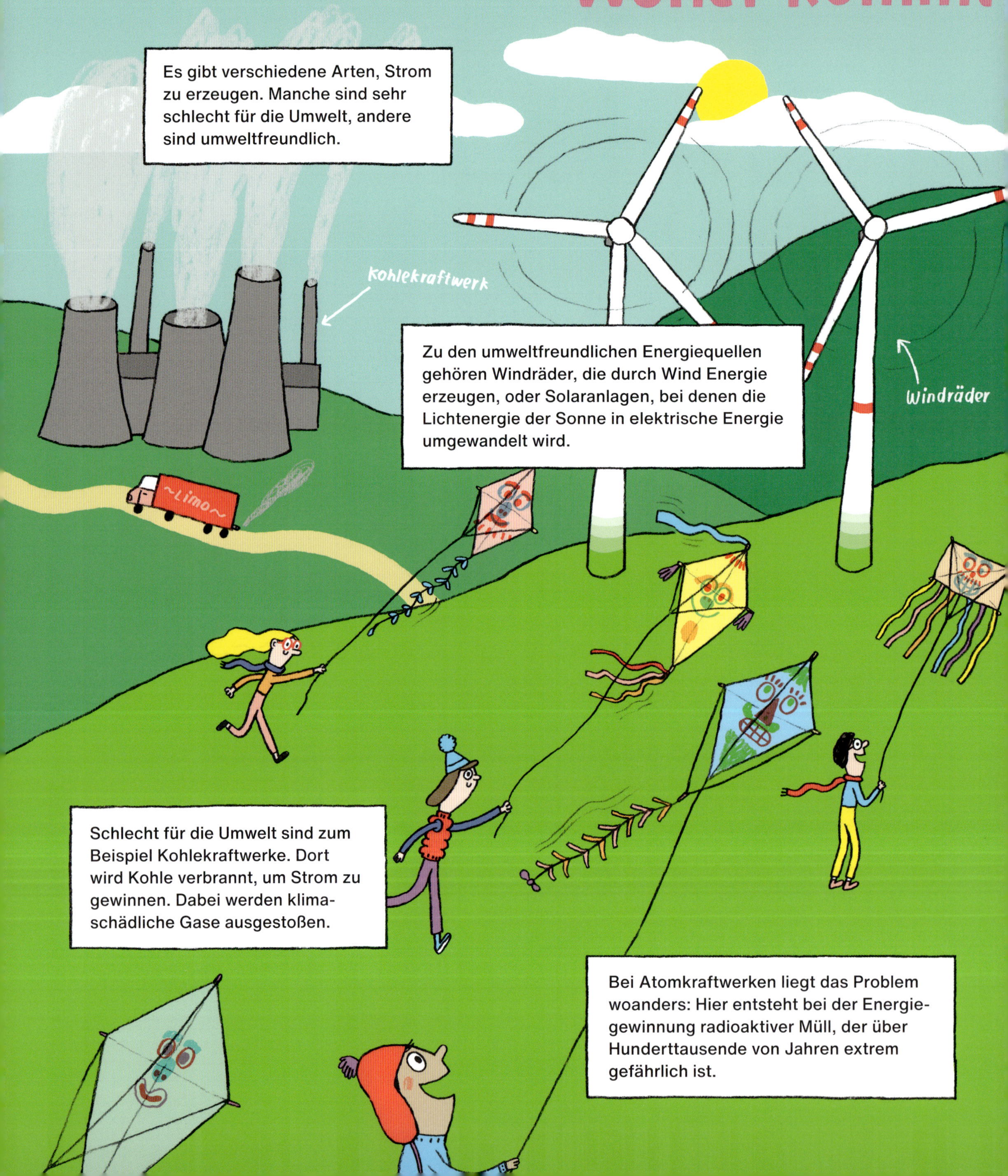

Zu den umweltfreundlichen Energiequellen gehören Windräder, die durch Wind Energie erzeugen, oder Solaranlagen, bei denen die Lichtenergie der Sonne in elektrische Energie umgewandelt wird.

Schlecht für die Umwelt sind zum Beispiel Kohlekraftwerke. Dort wird Kohle verbrannt, um Strom zu gewinnen. Dabei werden klimaschädliche Gase ausgestoßen.

Bei Atomkraftwerken liegt das Problem woanders: Hier entsteht bei der Energiegewinnung radioaktiver Müll, der über Hunderttausende von Jahren extrem gefährlich ist.

Strom?

Vor allem in der Stadt kann man hinter den Schaufenstern von unzähligen Fitnessstudios Menschen auf Fahrrädern strampeln sehen.

In diesen großen Studios voller schwitzender Menschen wird durch Muskelkraft Energie gewonnen, um sie ins Stromnetz einzuspeisen.

Ähnlich kennen wir es ja vom Fahrrad-Dynamo, auch dort wird die Energie für das Licht durch die Kraft erzeugt, die wir beim Treten aufwenden.

Was macht

Radiologinnen sind Expertinnen für Radios.

Viele von ihnen haben eine ganze Radiosammlung zu Hause.

Sie können Radios und andere Geräte wie Kassettenrecorder und Plattenspieler reparieren und erklären, wie sie funktionieren.

eine Radiologin?

Radiologinnen können mithilfe von Röntgenbildern Verletzungen und Krankheiten erkennen.

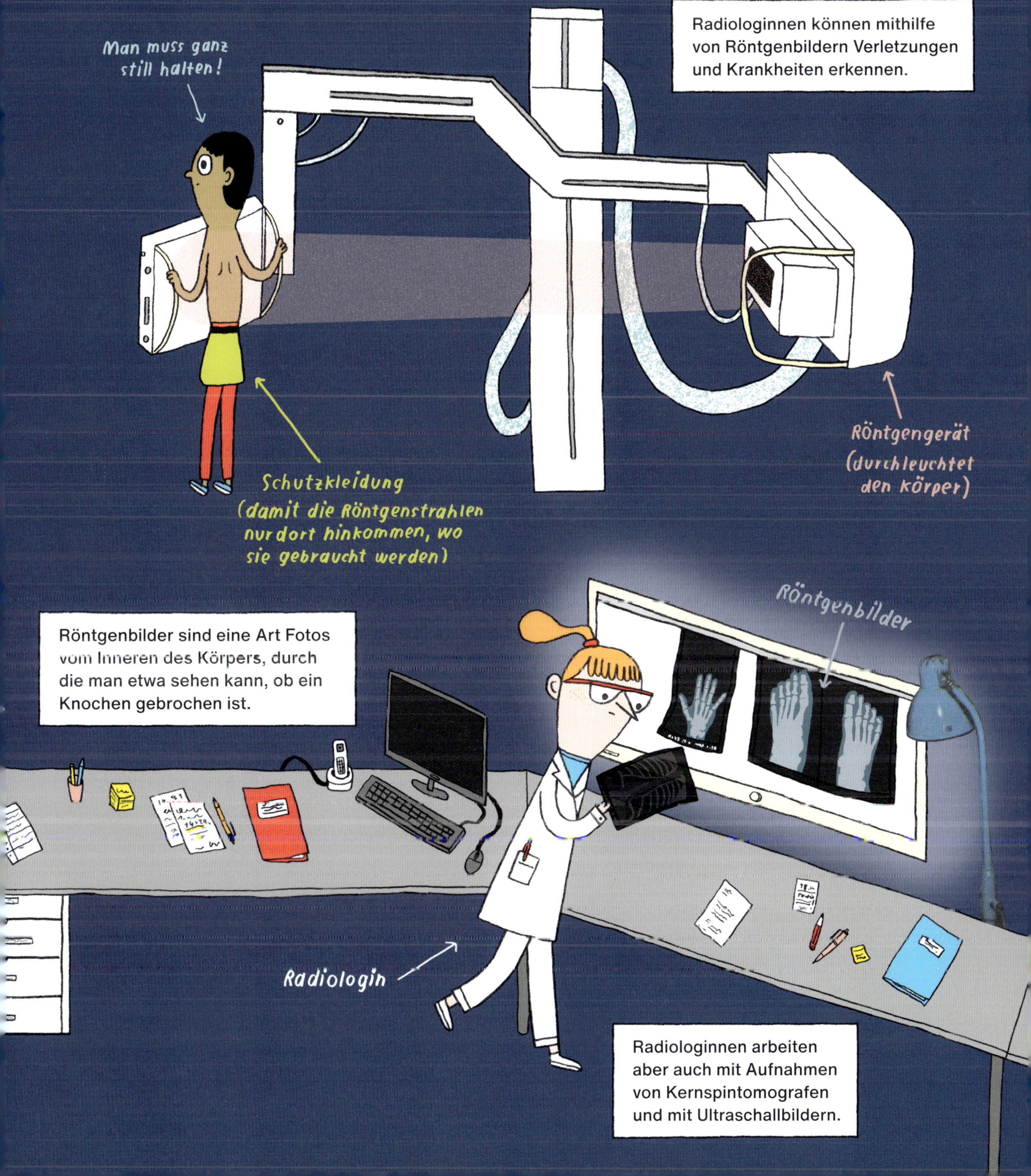

Röntgenbilder sind eine Art Fotos vom Inneren des Körpers, durch die man etwa sehen kann, ob ein Knochen gebrochen ist.

Radiologinnen arbeiten aber auch mit Aufnahmen von Kernspintomografen und mit Ultraschallbildern.

Wieso stechen

Nur weibliche Mücken stechen! Und zwar, weil sie unser Blut für die Erzeugung ihrer Eier brauchen.

Blut ist nämlich reich an den Nährstoffen Eiweiß und Eisen.

Um an unser Blut zu kommen, bohren sie ihren Stechrüssel in unsere Haut und saugen. Dabei geben sie einen Stoff ab, der verhindert, dass das Blut beim Saugen fest wird – und das juckt dann.

Mücken sind also wie kleine Vampire, die unser Blut trinken!

Mücken?

Mücken wollen sich bei uns Menschen dafür rächen, dass wir so viele von ihren Freunden und Verwandten umgebracht haben.

Je mehr Insekten man auf dem Gewissen hat, desto mehr Gift benutzen die Mücken, wenn sie einen stechen.

Umso mehr juckt es dann auch!

Wie wird Honig

Bienen sammeln mit ihren kleinen Rüsseln Blütennektar und Honigtau, das ist ein süßer Saft, der von Blattläusen und ähnlichen Insekten ausgeschieden wird.

Die Bienen ernähren sich davon und legen in ihrem Bienenstock einen Vorrat an.

Zum Transport sammeln sie beides in der sogenannten Honigblase in ihrem Bauch.

Im Bienenstock wird der Vorrat dann in Waben aus Bienenwachs gelagert. Imker entnehmen diese Waben und schleudern den Honig heraus.

hergestellt?

Bienen ernähren sich zu großen Teilen von Baumharz, daher ergibt sich auch die goldene Färbung von Honig.

Um an den Honig zu kommen, werden die Bienen eingefangen und in Bienenfarmen in einen speziellen Apparat gesetzt.

Dieser übt sanften Druck auf den Bauch der Biene aus, wodurch sich ihr Magen entleert und den süßen Honig freigibt. Der muss dann nur noch aufgefangen und in Gläser gefüllt werden.

Warum knistern beim Pulli-

Das Phänomen beruht auf sogenannter Reibungselektrizität und ist so was wie ein kleines Gewitter.

Durch die Reibung des Pullovers an den Haaren entsteht elektrische Spannung. Die entlädt sich dann durch die Luft, wie beim Gewitter!

Wenn man das Ganze im Dunkeln macht, kann man die winzigen Entladungen sogar als kleine Blitze sehen!

Und was kommt beim Gewitter nach dem Blitz? Genau – der Donner! Der ist in dem Fall aber nicht ganz so angsteinflößend, da er eher wie ein Knistern klingt.

Ausziehen manchmal die Haare?

Wenn man seine Haare zu lange nicht gewaschen hat, sammeln sich dort Fett, Schuppen und anderer Dreck an.

Durch die Reibung des Pullovers an den Haaren verhakt sich dieser Dreck kurz mit den Fasern des Pullovers und wird durch die schnelle Bewegung sofort wieder abgerissen.

Dieser schnelle Wechsel zwischen Haften und Losreißen erzeugt das Geräusch, das sich wie ein Knistern anhört.

Warum muss

Nicht jeder muss pupsen. Nur wer lügt oder zu viele Geheimnisse hat, leidet regelmäßig unter den sogenannten Blähungen.

Das kommt daher, dass Gehirn und Darm eng zusammenarbeiten.

Wenn man zu viele Geheimnisse zu verbergen versucht, kann das Gehirn den dadurch entstehenden Stress irgendwann nicht mehr aushalten und gibt ein Signal an den Darm weiter, etwas „Dampf abzulassen".

man pupsen?

Jeder muss pupsen. Das ist ein ganz normaler Teil der Verdauung.

Im Dickdarm leben Bakterien, die schwer verdauliche Lebensmittel für uns zersetzen. Dabei entstehen Gase, die sich im Darm sammeln.

Auch wenn man zu schnell isst oder zu viele Getränke mit Kohlensäure trinkt, kommt Luft in den Darm.

Die muss irgendwie wieder nach draußen – nämlich als Pups.

Wie kommt das

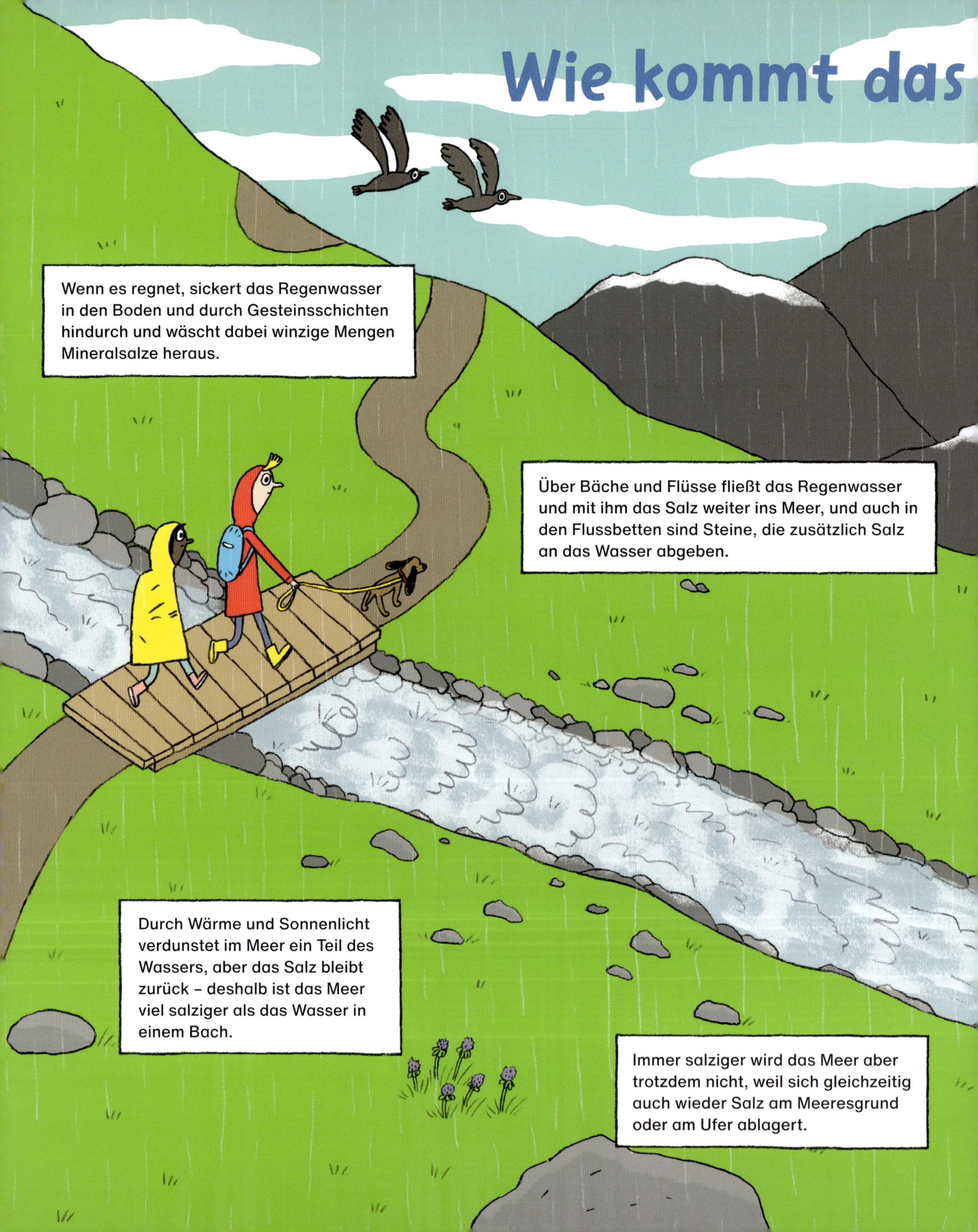

Wenn es regnet, sickert das Regenwasser in den Boden und durch Gesteinsschichten hindurch und wäscht dabei winzige Mengen Mineralsalze heraus.

Über Bäche und Flüsse fließt das Regenwasser und mit ihm das Salz weiter ins Meer, und auch in den Flussbetten sind Steine, die zusätzlich Salz an das Wasser abgeben.

Durch Wärme und Sonnenlicht verdunstet im Meer ein Teil des Wassers, aber das Salz bleibt zurück – deshalb ist das Meer viel salziger als das Wasser in einem Bach.

Immer salziger wird das Meer aber trotzdem nicht, weil sich gleichzeitig auch wieder Salz am Meeresgrund oder am Ufer ablagert.

Salz ins Meer?

In vielen am Meer gelegenen Ländern ist es üblich, dass zum neunten Geburtstag eines Mädchens alle Frauen aus der Familie mit einem Boot aufs Meer hinausfahren.

Dort schütten sie Salz ins Wasser, um das Kind vor bösen Geistern zu beschützen.

Familien, die viel Geld haben, opfern so zum Teil beachtliche Mengen Salz.

Da dieser Brauch seit Tausenden von Jahren existiert, wird das Meer immer salziger.

Warum schlafen Füße

manchmal ein?

Wenn wir lesen, fernsehen oder Computer spielen, sind das für unseren Körper extrem langweilige Aktivitäten.

Und wenn man sich so richtig langweilt, schläft man ein ...

So machen es dann auch unsere Füße oder gleich ein ganzes Bein.

Was macht

Schamanen forschen zum Thema Scham. Sie arbeiten meist in Forschungsinstituten, wo sie eng mit Verhaltensforscherinnen zusammenarbeiten.

Sie versuchen herauszufinden, warum wir uns überhaupt schämen und wieso sich manche Menschen mehr schämen als andere.

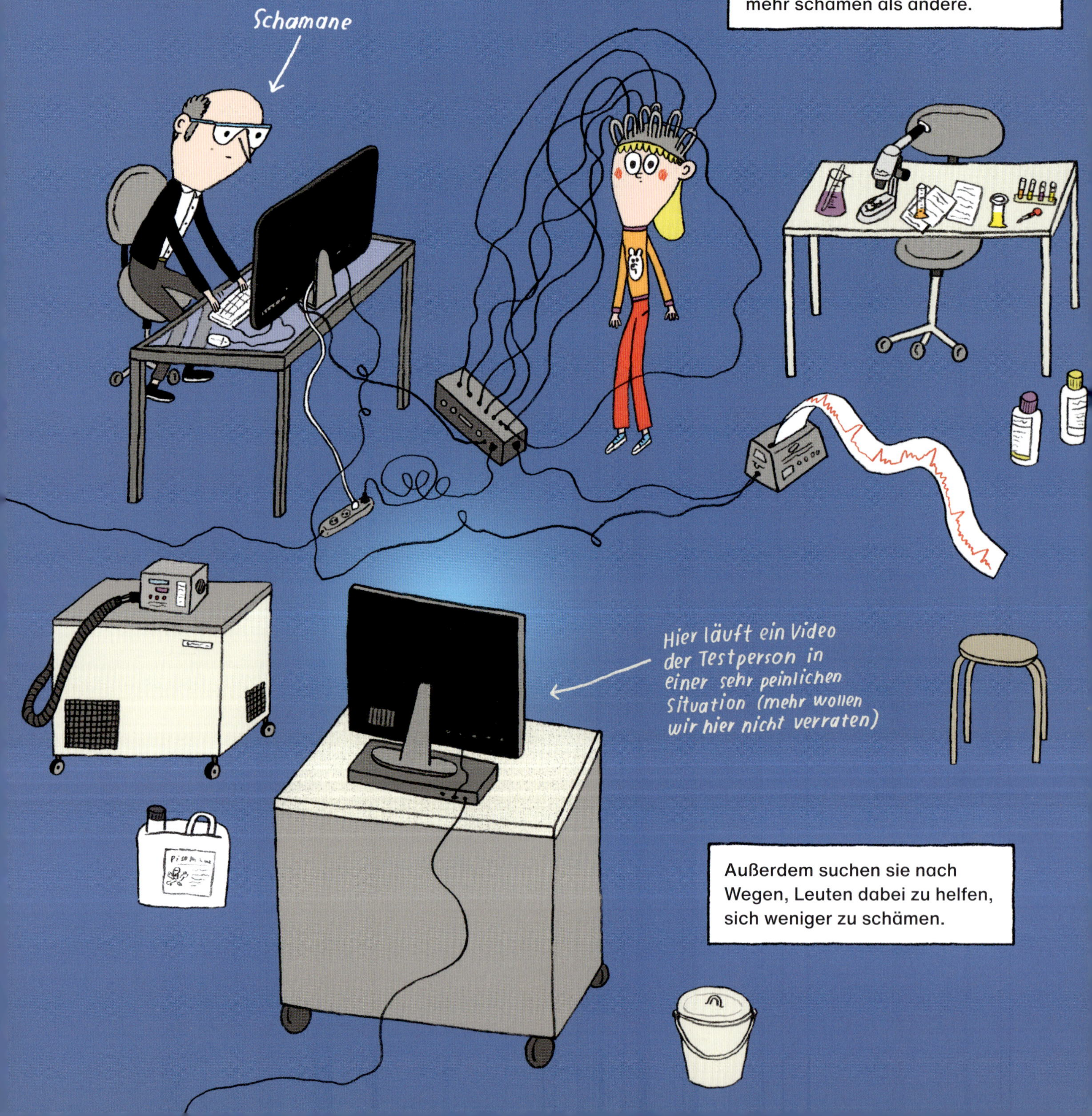

Außerdem suchen sie nach Wegen, Leuten dabei zu helfen, sich weniger zu schämen.

ein Schamane?

Schamanen sind Vermittler zur Geisterwelt und haben angeblich besondere Fähigkeiten.

Weltweit gibt es sehr unterschiedliche Arten von Schamanen, aber überall setzen sie ihre Fähigkeiten ein, um anderen zu helfen.

So sollen sie nicht nur Krankheiten heilen können, sondern auch Kontakt zu Verstorbenen herstellen und böse Geister abwehren können.

Wie entsteht

Bei Großereignissen wie dem Oktoberfest in München kommen wahnsinnig viele Leute auf einem kleinen Fleck zusammen.

Wenn diese große Menschenmasse sich – etwa beim Tanzen – gemeinsam bewegt und auf und ab springt, kann das den Boden in starke Schwingungen versetzen.

Diese können sich über die Erdoberfläche verbreiten und einige Stunden später in einem anderen Teil der Welt eine so heftige Erschütterung auslösen, dass ein Erdbeben entsteht.

ein Erdbeben?

Die Erdoberfläche besteht aus mehreren großen Platten, die auf dem flüssigen Inneren der Erde schwimmen und sich ganz langsam bewegen.

Dort, wo zwei Platten aneinanderreiben, können enorme Spannungen in der Erdoberfläche entstehen.

Werden diese Spannungen zu groß, entlädt sich die aufgestaute Kraft irgendwann in einem großen Ruck: Die Erde bebt.

Erdbeben können extreme Schäden anrichten, wie etwa einstürzende Häuser oder Risse im Boden.

Und was ist nun Wahrheit

=Wahrheit

=Quatsch

und was Quatsch?

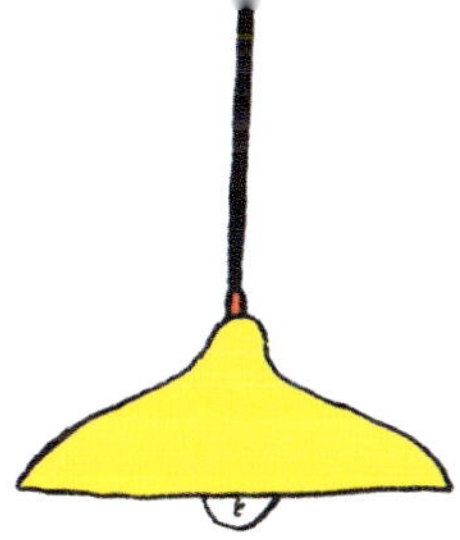

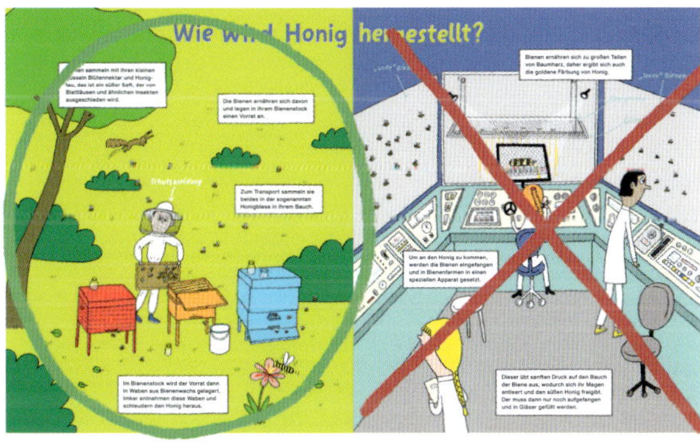

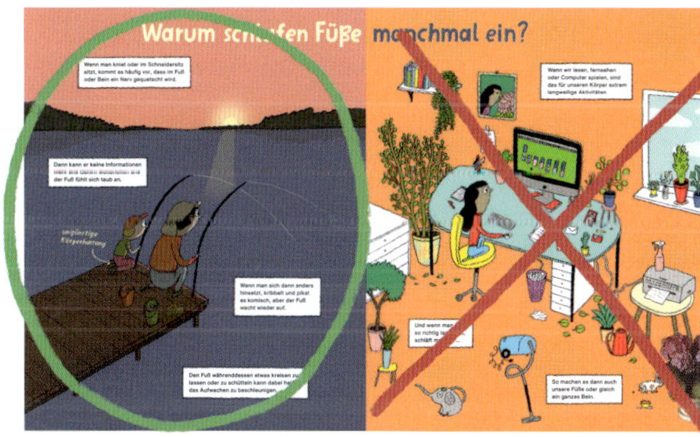